U0001619

世界上最大的動物
THE LARGEST

萊納·奧利維耶Reina Ollivier & 卡雷爾·克拉斯Karel Claes 著
史蒂菲·帕德莫斯Steffie Padmos 繪
周書宇 譯　張東君 審定

動物可以透過各種方式成為世界最大的動物，
有時，牠們會用很長的腿走路，
有時，牠們的身體異常的龐大，
有時，牠們是同類之中最大的。

這些超大動物的天敵不多，
但是當牠們還小的時候要非常小心。
長大之後，這些大型動物就不太會受到其他物種的威脅了，
唯一的例外是人類，他們會獵殺所有動物……

事實上，長這麼大不全然都是好處，好比：
長腿可能會帶來麻煩，
身體越龐大需要越多食物。

在這本書中，將會認識到九種大型動物，
誰是你最喜歡的動物呢？

CONTENTS

GIRAFFE 長頸鹿

我總是優雅地走在草原上。靠著我的長脖子和四條修長的腿，我比其他動物都高。我不需要望遠鏡就能看見敵人在哪裡。

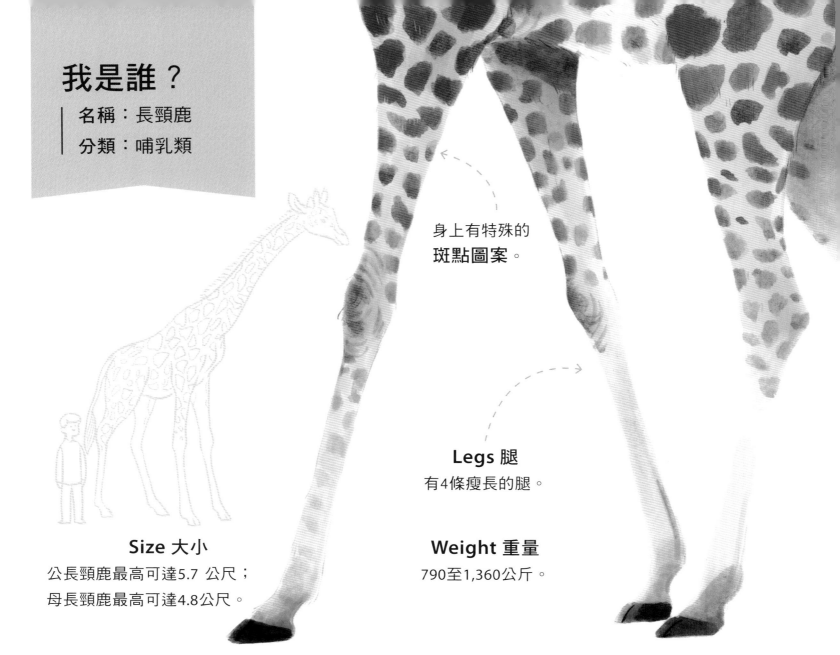

我是誰？

名稱：長頸鹿

分類：哺乳類

身上有特殊的
斑點圖案。

Legs 腿

有4條瘦長的腿。

Size 大小

公長頸鹿最高可達5.7 公尺；
母長頸鹿最高可達4.8公尺。

Weight 重量

790至1,360公斤。

Habitat 棲息地

長滿青草和樹木的
非洲溫暖地區。

Food 食物

樹枝和樹葉（特別喜歡吃金合歡樹
〔acacia tree〕）、果實、樹芽。

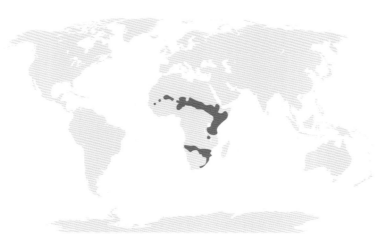

Speed 速度

短時間內我的最快速度可達每小時56公里；
多數情況下，我每小時步行6公里。

0   56公里／小時   100

Enemies天敵

獵豹　花豹　獅子　鬣狗　鱷魚

頭頂上有兩個瘤狀的**角**，頭中間和後方還有三個不明顯的小角，合起來一共有五根角；母長頸鹿的頭頂上有毛，公長頸鹿的沒有。

啄牛鳥經常停留在我的脖子和背上，牠們從我的皮毛上啄食昆蟲——我喜歡這樣。

尾巴末端有一束長長的毛。

又大又黑的眼睛和長長的睫毛。

公長頸鹿會為了我（母長頸鹿）而戰。牠們會揮動長長的脖子，用頭部全力撞擊對手。在這場「**脖子摔角**」中，牠們會使用頭上的角作為武器。

我幾乎一直在**吃東西**和**反芻**食物，就和牛一樣。

我大都是**站著睡覺**，每天睡覺時間不會超過20分鐘。有時我會打盹1分鐘。

我和我的**孩子**住在一個由10到20隻母長頸鹿所組成的**群體**中。有些長頸鹿群的規模比較大，會同時有公長頸鹿、母長頸鹿及小長頸鹿。我可以隨時**換去別的群體**生活。

人類會獵殺並食用我們的肉。他們用我們的皮毛製作各種**用具**，像是尾巴拿來當作蒼蠅拍或做成手鐲。

我的身高有時會為我帶來麻煩。
當我在水池邊喝水時，必須張開四條腿，
並把脖子大幅度的往下彎。

我的脖子大約有1.8公尺長，比你的
身高還要長！這樣的脖子長度讓我可
以吃到其他動物吃不到的葉子。我的
腿和脖子一樣長，而蹄的直徑有30公
分；如果有需要，我可以用蹄踢獅子來
保護自己。

當我保持在這樣的喝水姿勢時，很
容易遭受天敵的攻擊，所以當我
們在低頭喝水的時候，長頸鹿群
中總會有一隻站直不喝水，負
責警戒四周是否有危險。所
幸，我可以兩至三週不喝水
沒問題，我可以從食物和
葉片上的露珠取得足夠
的水分。

我需要一顆很大的心臟，才有辦法將血液傳送至全身各處。我的心臟重達11公斤，大約11瓶牛奶的重量。很重，對吧？

我的尾巴長約1公尺，舌頭則長約53公分。我每天吃超過45公斤的樹葉和樹枝。我的體重有790公斤，但公長頸鹿的體重可達1,360公斤。

我是站著生小孩。剛出生的長頸鹿寶寶會從1.5公尺的高處，直接墜落地面。不過由於長頸鹿寶寶一出生，身高就有2公尺，體重則有70公斤，因此可以承受這種粗魯的對待。

KOMODO DRAGON
科摩多龍（科摩多巨蜥）

> 我長得像是史前動物，是世界上最大的蜥蜴。希望你會喜歡我的名字，因為除了名字之外，我似乎沒有其他討人喜歡的地方。我的外表看起來很可怕，很多人都覺得我很冷酷。

科摩多龍（科摩多巨蜥）

我是誰？

名稱：科摩多龍
分類：爬行類

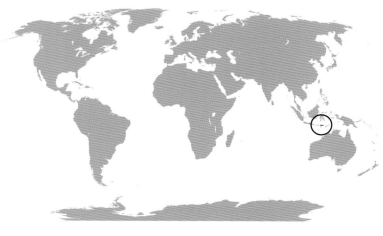

Legs 腿
有4隻強壯又彎曲的腳。

又長又彎又銳利的爪。

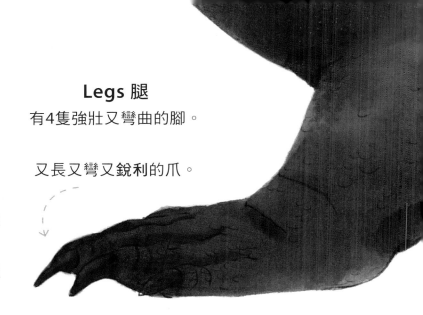

Size 大小
公科摩多龍最大可達
3公尺長；
母科摩多龍最大可達
1.8公尺長。

敏捷靈活的脖子。

Weight 重量
最重可達150公斤。

圓圓的口鼻和
寬扁的頭。

全身上下布滿鱗甲。

Habitat 棲息地
分布於印尼科摩多（Komodo）島
及其周邊的島嶼。棲息在廣大的草原、
開闊的森林地和灌木叢生的山丘。

Food 食物
腐屍（動物的屍體）、鳥類、
猿猴、野豬、豬、山羊、鹿、馬、
水牛等等，以及……科摩多龍。

Speed 速度
我可以短距離衝刺，不過平均速度是每小時跑20公里。

0   20公里／小時   100

天敵

年幼的科摩多龍會被這些動物吃掉：

山豬

猿猴

年長的科摩多龍

成年之後的科摩多龍沒有天敵。

我喜歡躺在**陽光**底下，享受攝氏35度以上的高溫和**高濕度**的溫暖氣候。

我很會攀爬，也很會游泳。有時我會潛入海中游至其他島嶼。

我的聽力不好，但我可以看見在數百公尺以外活動的東西。我的嗅覺特別靈敏，但最特別的不是用鼻子聞，而是伸出**舌頭**，用舌頭摩擦上顎的方式來**捕捉氣味**。當風向吹往正確方向時，我可以聞到**8公里**外食物的味道！

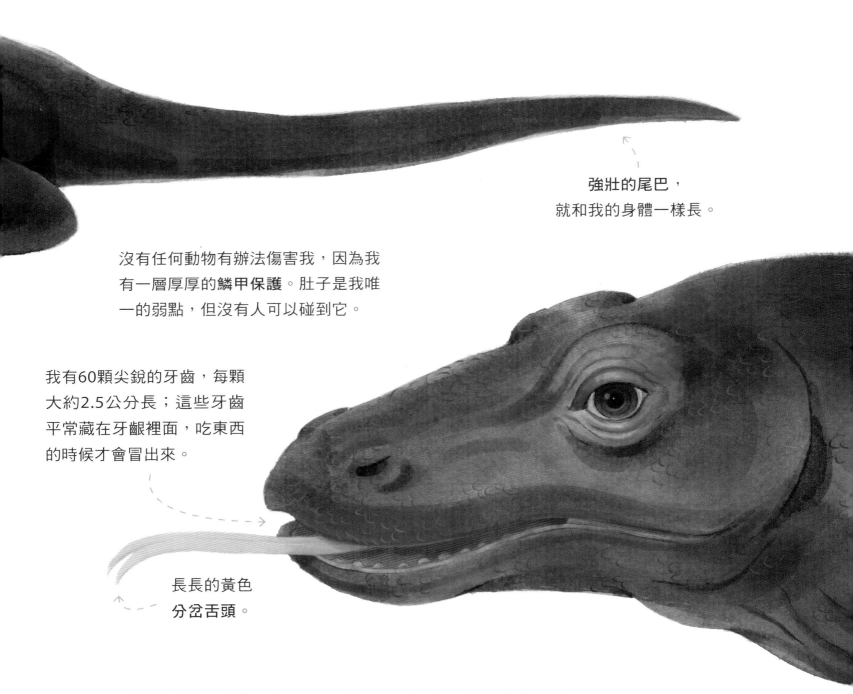

強壯的尾巴，
就和我的身體一樣長。

沒有任何動物有辦法傷害我，因為我有一層厚厚的**鱗甲保護**。肚子是我唯一的弱點，但沒有人可以碰到它。

我有60顆尖銳的牙齒，每顆大約2.5公分長；這些牙齒平常藏在牙齦裡面，吃東西的時候才會冒出來。

長長的黃色
分岔舌頭。

我們是「**易危物種**」（vulnerable species），因為我們生活在亞洲一個小小的地區，一旦火山爆發或發生其他自然災害，就可能導致我們完全滅絕。

我敢打賭你之前一定沒看過像我一樣，如此巨大的蜥蜴。我一頓餐需要吃的分量，大約就和我的體重一樣重，多達150公斤！

我會用腳上的爪子推倒獵物，還會用又長又強壯的尾巴打牠們；當我張開巨大的下顎時，你就會看見我那鋒利的牙齒。我很清楚該咬獵物的哪個部位，如果獵物逃跑了，牠們也會因為我注入的毒液死亡。無論如何，最後的贏家都是我！

我很懂得如何享用獵物。我有一個很大的口鼻和寬廣的喉嚨；首先，我會撕裂獵物身體的一大部分，再把口鼻往上抬高、面向天空，順勢讓獵物滑進我的胃裡。不只吃肉，獵物的外皮和骨頭我都會吃！

當我還是一隻年幼的科摩多龍時，必須小心，以免被我的父母或其他掠食者吃掉。現在我已經長大了，沒有其他動物比我強，就連人類我也敢攻擊並吃掉他們。我最長可以活到30歲。

感覺受到威脅時，我會把胃裡面的東
西全部吐出來，好讓我的體重減輕，
就可以跑得更快。

AFRICAN ELEPHANT非洲象

當我和一群笨重的象群走近你時，整個地面都會震動，小心，請讓開！關於我們非洲象的一切，總是令人驚嘆不已：我們有笨重的腿、龐大的身軀、大耳朵和令人印象深刻的象牙。

我是誰？

名稱：非洲象（另外還有
亞洲象，體型比較小）

分類：哺乳類

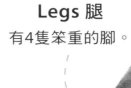

Legs 腿
有4隻笨重的腳。

Size 大小
肩高可達近4公尺；公象比母象高。

Weight 重量
最重可達7,000公斤！

腳的末端有腳掌和
腳趾，腳趾是長成
如同指甲的蹄。

尾巴末端有
蓬鬆的毛。

象鼻末端上下各
有一個指突。

又厚又皺的
灰色皮膚。

Habitat 棲息地
非洲的草原、河川沿岸的大片森
林、湖泊地區、沙漠、雨林。

Food 食物
樹葉、草、果實、樹枝、
樹皮和樹根。

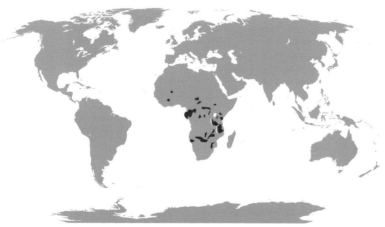

Speed 速度
我可以用每小時40公里的速度跑一會兒，但通常都是
以每小時25公里的速度步行。我無法跳躍或衝刺，
所以與其說是跑，倒不如比較像是競走。

0   25公里／小時   100

天敵 老年或生病的非洲象以及小象，會遭受以下動物的攻擊：

獅子　　　　鱷魚　　　　鬣狗　　　非洲野犬

成年的非洲象沒有天敵。

我帶領著一群母象和小象，我們會互相幫忙並教導小象如何生存。**小公象在14歲左右**就會離開象群，並且從彼時開始就要**獨立生活或和其他公象**一起生活。

我們非常**聰明**，而且有非常**傑出的記憶力**。我會記住水源以及有很多食物之地的路線。

2根巨大的象牙。

巨大的耳朵
上面布滿血管，可以幫助散熱。

觸碰對大象來說很重要。我的鼻子是由成千上萬的小肌肉群所組成，我們會用鼻子勾在一起的方式和同伴打招呼。小象走在我的身後時，會用牠的鼻子抓住我的尾巴。有時我會用鼻子拍拍小象，或用我的腳戳一下、打一下牠，來為牠加油。

非洲的**太陽**很大，我必須**保護**我的**皮膚**以免曬傷，所以經常在泥巴裡面打滾。洗完「泥巴澡」之後，我會把沙子噴在身上；這層「沙子保護罩」可以防止**昆蟲**靠近，也能確保我的皮膚不會乾掉。我還會用我的耳朵替自己**搧風**。

我一生之中會**換牙6次**。人類只有換牙一次而已！

我的皮大約有2.5公分厚，體重可達
7,000公斤。剛出生的時候，我的體
重就已經逼近100公斤，不是一個
「小」嬰兒，對吧？

我的鼻子與上唇結合在一起，形成一個強而有力、靈巧的象鼻。
我可以用鼻子把樹木從地上連根拔起，也可以用鼻子拾起小小的
堅果。我可以吃到7公尺高的樹木上面的葉子。我的鼻子
也是一個很棒的吸管和蓮蓬頭，可以輕鬆吸起5公
升的水，再把水噴到嘴裡或背上。我還可以用
我的鼻子聞氣味和發出聲音。

我會用強壯的象牙翻攪地面，尋找
美味的樹根；我也會用象牙戰鬥。
我的象牙會一直生長，最長可達3
公尺，重量則約有100公斤。這比
你的一顆小牙齒還重許多！

當我嗅到危險時，會抬起頭、張開耳朵，讓我自己看起來威嚴可畏。如果這麼做沒有辦法驅趕敵人，我就會擺動頭和耳朵，同時用腳和鼻子製造大量塵土來保護象群。

獵人會為了取得象牙、象皮和象肉而獵殺我們。

我每天可以吃掉150公斤的食物。有時，我們象群會破壞農田和農作物。

COLOSSAL SQUID
大王酸漿魷

我生活在南極冰冷的深海中，幾乎沒有人類
看過我。我的體型異常巨大，比大王魷魚還
要大。我猜你不會想看到我。

我是誰？

名稱：大王酸漿魷
分類：頭足類

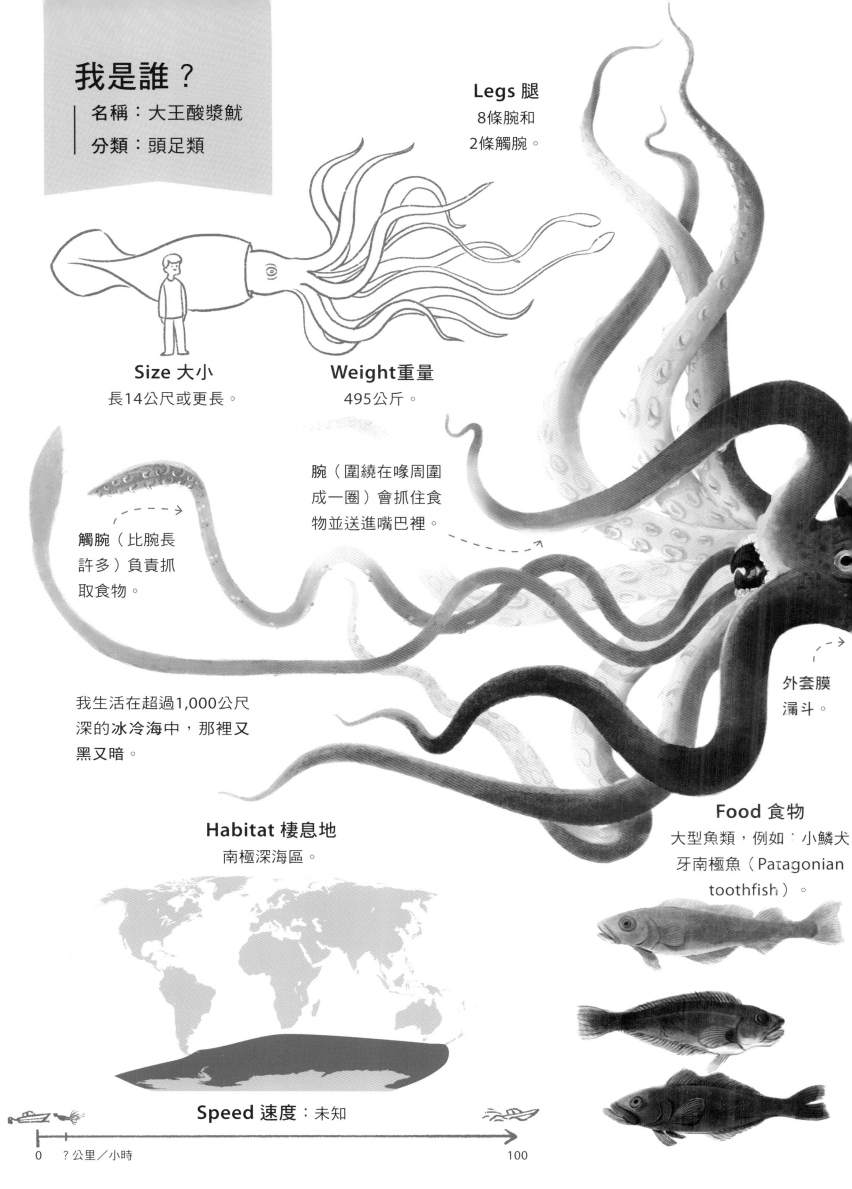

Legs 腿
8條腕和
2條觸腕。

Size 大小
長14公尺或更長。

Weight重量
495公斤。

腕（圍繞在喙周圍
成一圈）會抓住食
物並送進嘴巴裡。

觸腕（比腕長
許多）負責抓
取食物。

我生活在超過1,000公尺
深的**冰冷海**中，那裡又
黑又暗。

外套膜
涌斗。

Habitat 棲息地
南極深海區。

Food 食物
大型魚類，例如：小鱗犬
牙南極魚（Patagonian
toothfish）。

Speed 速度：未知

0　？公里／小時　　　　　　　　　　　　100

腕和觸腕上有
吸盤和鉤子。

身軀（外套膜）
長2至4公尺。

橢圓形鰭。

我有一個
鋒利的喙。

在我的外套膜附近有個漏斗；當我把水吸入外套膜時，會再用這個漏斗噴水獲得動力，進而**推動自己**。我會移動身軀兩側的鰭來**操控移動方向**。

在討海人口耳相傳的故事中，我曾經被稱為「**海妖**」（Kraken），是一種巨大的**海怪**。直到最近，人們才發現了我的真實存在——當科學家在抹香鯨的胃裡發現我同伴的兩條巨大觸腕時，充分證實了我確實存在！

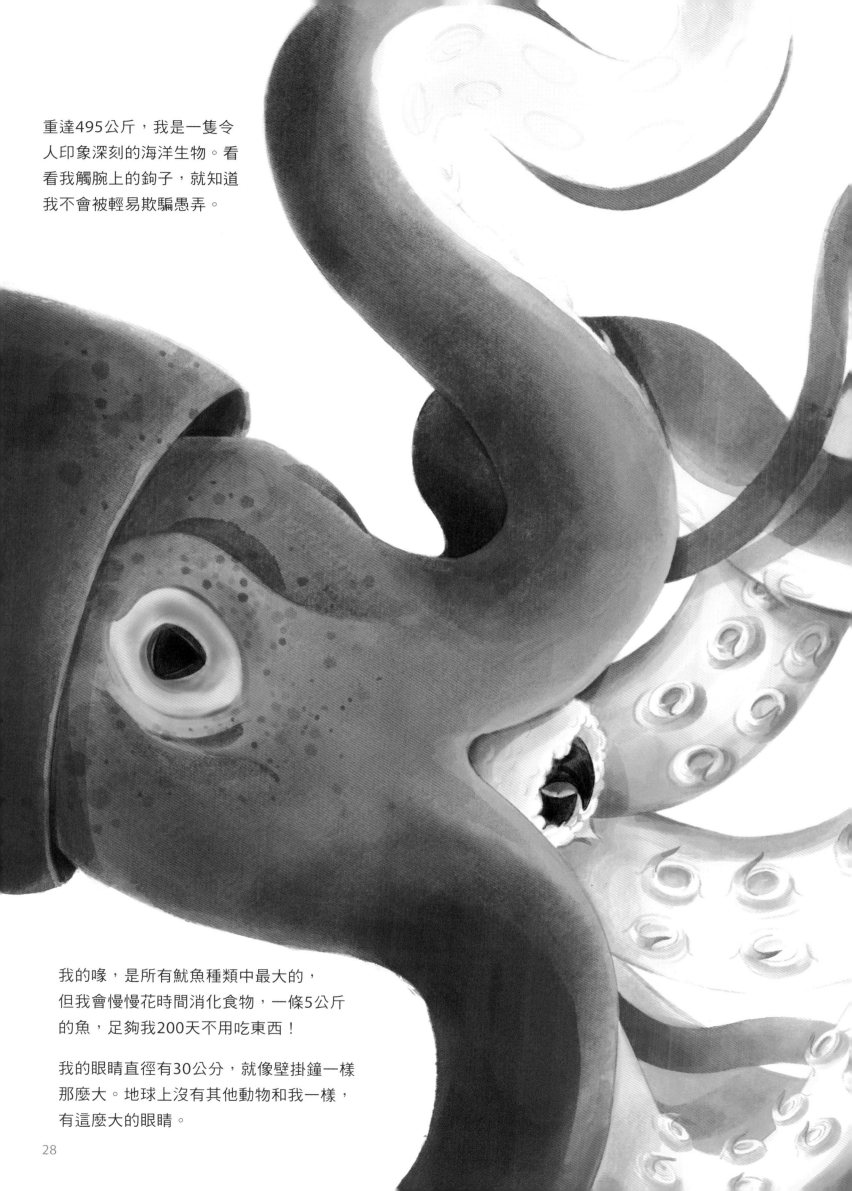

重達495公斤，我是一隻令
人印象深刻的海洋生物。看
看我觸腕上的鉤子，就知道
我不會被輕易欺騙愚弄。

我的喙，是所有魷魚種類中最大的，
但我會慢慢花時間消化食物，一條5公斤
的魚，足夠我200天不用吃東西！

我的眼睛直徑有30公分，就像壁掛鐘一樣
那麼大。地球上沒有其他動物和我一樣，
有這麼大的眼睛。

我需要用很多能量來移動我這個龐大的身
軀,這就是為什麼我總是躲在大型魚類的
棲息地附近,這樣我只要伸出觸腕,利用
上面鋒利的鉤子就可以輕鬆捕獲食物。

目前,人類對於我的生活方式仍不清楚,
科學家僅能透過解剖大王酸漿魷的屍體來
認識我們,他們幾乎無法直接觀察活生生
的我和我的同伴,因為我們生活在水深超
過1,000公尺的深海區。

MOOSE 駝鹿

我是世界上最大的鹿科動物，為此我感到相當自豪。我的角看起來相當堅固，可惜一年之中，我只有春天到11月的時候才會長著角。母駝鹿沒有角。

我是誰？

名稱：駝鹿

分類：哺乳類

Size 大小

公駝鹿的肩高可達1.5至2公尺，
而全身高度則可達2.5至2.7公尺；
母駝鹿的體型則比較小。

Weight 重量

275至800公斤。

角呈片狀，
跨度近2公尺。

Legs 腿

2隻前腳比2隻後腳長。

短尾巴，只有
8至12公分長。

懸垂的
上唇。

喉頭下方有
一塊垂皮。

Habitat 棲息地

北半球的廣闊森林地區，多在
針葉樹、落葉樹和水源一帶。

Food 食物

地衣、草、樹葉、樹枝、
軟樹皮、水生植物。

Speed 速度

我的最快速度是每小時56公里，但平時多以
每小時32公里的速度步行。

0　　　　　　　　　　56公里／小時　　　　　　　　　　100

天敵

熊　　　　狼　　　美洲獅　　　人類

你可以在冰天雪地的**寒帶地區**找到我。我**無法流汗**，所以當氣溫超過攝氏27度時，我就有麻煩了。為了**降溫**，我會躺在**淺水灘**中，這樣也可以趕走討人厭的**昆蟲**；我的尾巴太短，無法用尾巴驅趕牠們。

我喜歡**薄暮**時刻，會在傍晚或日出前四處走動。

大耳朵。

背部隆起
（實為肩膀肌肉）。

我偏好**獨居**，不過在**交配季節**公駝鹿和母駝鹿會相互照顧。**小駝鹿出生之後，會和母駝鹿生活在一起**；出生一個月之後，小駝鹿的體重就會增加一倍了。

我的角**每年都會重新生長，長出更大的角**。角的周圍有一層宛如天鵝絨般的皮，不過到8月底就會脫落；過程中會十分**癢**，所以我會在樹上磨擦。

我沒有**上門牙**，是利用我堅硬的上顎和下門牙夾住植物，再把它們扯下來；同時我的**舌頭也很有力**。

我喜歡吃**水生植物**，並且可以輕鬆地潛在水裡長達30秒。我的游泳速度每小時9.5公里，最長可游20公里的距離。

我的大鼻腔中有數百萬個嗅覺細胞，這就是為什麼我的嗅覺異常的好。我長長的耳朵可以轉往各種方向來聆聽聲音。好的嗅覺和好的聽力，讓我可以從很遠的距離就察覺到敵人的存在。

我的四肢十分強壯有力，我會用前腳猛踹敵人，並用後腳踢開牠們。我的前腳很長，可以輕鬆跳過各種障礙物。

我可以把蹄上的兩個前腳趾打開，後腳趾還會提供額外的支撐力，這樣我走在沼澤或雪地上時，就能分散身體重量，以免腳陷得太深。沒錯，這個作用和雪鞋有點類似。

一頭公駝鹿重達800 公斤，母駝鹿則有400
公斤重。儘管我們體型巨大，卻可以安靜地
穿越森林。因此當我們突然從樹叢中出現
時，往往會嚇到行人；與汽車相撞也會造
成極大的損害。

人類獵殺我們，因為他們很
喜歡吃駝鹿肉。成年的駝鹿
身上有很多肉可食用。

BLUE WHALE 藍鯨

很多人以為大象是地球上最大的動物，那是因為他們還不認識我！光是我的舌頭大小，就和一隻小象一樣大。你知道即使是最高大的恐龍，也比我小嗎？

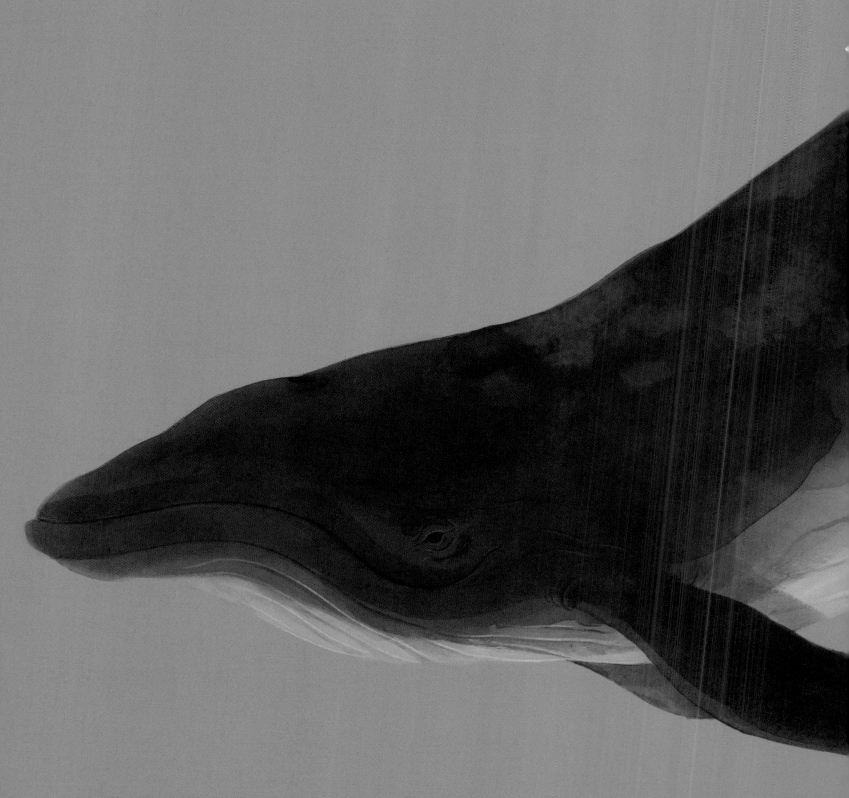

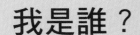

Size 大小

公藍鯨可達27公尺長；母藍鯨更大隻，可達33公尺長。

鰭

有2個尖尖的胸鰭、1個小小的背鰭和1個有缺口的寬尾鰭。

Weight重量

190噸（190,000公斤）！

背部有許多**藍灰色**的淺色斑點，每一隻藍鯨的斑點都長得不一樣。

頭部又寬又扁，上方有2個噴氣孔。

腹部呈淺色，靠近喉嚨和胸部處有80至100條喉腹褶；喉腹褶在進食時會擴張開來，以攝取更多食物。

Habitat 棲息地

全海域，但最好是冰冷的海水地區。

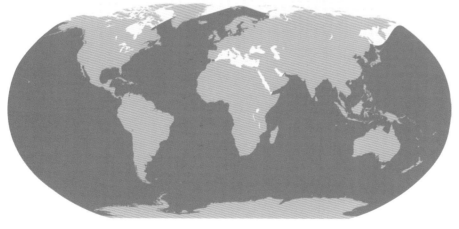

Food 食物

磷蝦，一種長得和常見蝦子一樣的微小海洋生物。

Speed 速度

進食時，我的游泳速度為每小時5公里，其他時候則為每小時20公里。最快可以游到每小時50公里。

0   50公里／小時   100

天敵

小藍鯨會遭受以下動物的攻擊：

虎鯨

鯊魚

捕鯨獵人和海洋污染會威脅到
藍鯨的生存空間。

沿著我的**上顎**邊緣垂有800片**鯨鬚板**，這些鯨鬚板的材
質類似指甲，一片長1公尺。鯨鬚板會持續生長，它的
底部會因為進食而磨損。

沒有牙齒，
但有鯨鬚板。

進食的時候我會把嘴巴張得很大，並
吸入**大量海水**；當我閉上嘴巴時，再用
我的舌頭把這些水排出。我的**鯨鬚板**具有
篩網的作用——把水排出，但已經吃進嘴巴
裡的**磷蝦**不會跟著流走。

多數的時間我都潛在100公尺**深**的海中，但因為
我是**哺乳動物**，所以必須時不時浮出水面呼吸。
我會透過**噴氣孔**把攝入的水噴出至9公尺高，看起來
就像噴泉一樣。

夏季時我居住在北極或**南極**附近，那裡有很多食物；冬季我會
游泳**數千英里**至赤道，且幾乎不吃東西，只靠著儲存在身上的
脂肪過活。我每隔兩、三年會在**溫暖的海域**中產下小藍鯨。

我真的非常非常「重」，多數時間我都獨自生活。我的舌頭大約有2,000公斤重；心臟則將近有900公斤重，就和一輛小型汽車一樣；全身重量不少於190,000公斤，相當於5,000個小孩的體重！

我不僅是世界上最大的動物，還是最吵的。我可以發出高達180分貝的聲音，這比飛機引擎的噪音（120分貝）還要大。人們說鯨魚會「唱歌」，但其實這是類似我們的說話方式。透過這種方式，有時我可以與其他遠在數百英里外的藍鯨交談。我的眼睛很小看不清楚，但我的聽力很好。

剛出生時，我的體重就已經超過2,000公斤，身長超過7公尺。之後，每天每隔1小時就會喝將近500公升的母乳，在那段時間我的體重就會增加3.5公斤，全部加起來就是每天增重超過85公斤！

為了維持我如此巨大的身材，必須
攝取大量食物；我每天會吃進大約
3,500公斤的磷蝦。

OSTRICH 鴕鳥

世界上沒有比我長得更大的鳥類了。我可以看見周遭的一切事物，因為我有靈活的長脖子可以轉動至各個方向。但是我不會飛！因為我太重，翅膀又太小，不過我跑得超級快。

我是誰？

名稱：鴕鳥

分類：鳥類

Legs 腿

2條又長又壯的腿。

是唯一每隻腳
只有2趾的鳥類。

Weight 重量

重達158公斤。

Size 大小

公鴕鳥可達2.7公尺高；
母鴕鳥的體型比較小。

大眼睛和長
長的睫毛。

最大根腳趾的末端，有著
長10公分的尖銳指甲。

寬扁的喙。

毛茸茸的小頭和
長脖子。

Habitat 棲息地

非洲，多為有著零星樹木的開闊草原、沙質平原一帶。

Food 食物

草、植物的根、葉子、種子、水果、
昆蟲、蜥蜴、蛇、齧齒動物。
進食時，我會連同沙子和小碎石一同吞下，
因為這有助於消化。我是雜食動物！

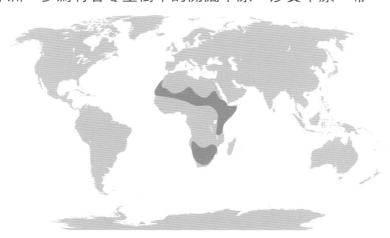

Speed 速度

每小時我可以輕鬆維持在時速48公里，但也
可以全力衝刺：每小時70公里！

0　　　　　　　　　　　　　　　70公里／小時　　　　100

天敵

 獅子　　 花豹　　 鬣狗　　 非洲野犬

我生活在大約由12隻鴕鳥所組成的小家庭，帶頭者為一隻公鴕鳥和一隻母鴕鳥。我們會長途跋涉地尋找食物。

如果出現危險威脅，我們會迅速逃跑直到我們安全為止。沒有其他動物能像我們一樣，長時間保持在如此快的跑步速度。

母鴕鳥和年幼鴕鳥的羽毛呈灰棕色，公鴕鳥則是短翅膀，尖端帶有白色的黑羽毛。過去，美麗的鴕鳥羽毛曾作為騎士頭盔上的裝飾，之後也用於女性的服裝上。

當敵人尚在遠方時，我會把腿收起來平坐在地上。我的頭和脖子的顏色看起來就和沙子一樣，這樣敵人就不容易找到我了。人們說，當我把頭埋在沙子裡時，會覺得自己是隱形的！我的腦子確實有點小，但我沒那麼傻。

有時我會狠狠地踢攻擊者一腳，靠著我強壯鳥爪上的指甲，我甚至可以殺死一隻獅子。我的腿之所以向前踢，是因為我的膝關節彎曲方式和人類的不一樣。

沒錯，我是多項紀錄的保持者：我是所有鳥類中最高、最重、跑最快的。嗯，不過儘管我是跑得最快的鳥類，但有些鳥類的飛行速度比我跑的速度還快。

我還是所有陸生動物中眼睛最大的，我的眼睛直徑大約有5公分長。我可以看見3.5公里以外的地方。

我們經常與其他動物生活在一起，例如：羚羊、斑馬和牛羚。這些動物吃草時會翻動地面，這樣我們就可以找到一些蟲子來吃。我們的視力比這些動物好，但牠們的嗅覺比我們好；我們會互助合作，當有某隻動物感覺到危險時，就會警示其他同伴。

我可以跳得又高又遠，跳一步的高度最多
將近4公尺。跳躍的時候，我會張開短短
的翅膀以保持平衡。必要時，我可以輕鬆
跳過1.5公尺的障礙物；也就是說我可以輕
鬆從你們這些小朋友的頭頂跳過！

我下的蛋每顆大約長15公分，重1.5公斤，
相當於24顆雞蛋！所有的母鴕鳥都會把蛋
下在鴕鳥群帶頭者所築的簡易巢穴中，帶
頭的母鴕鳥和牠的伴侶公鴕鳥會輪流孵我
們的蛋，大約15至50顆不等。

GALÁPAGOS TORTOISE
加拉巴哥象龜

我是現存世界上最大的陸龜。我跑不快，但又何必用跑的累死自己呢？我把我的「避難所」背在身上，只要我需要，隨時都可以躲進去。享受陽光、悠閒地爬行是我最主要的日常消遣。

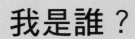

我是誰？

名稱：加拉巴哥象龜

分類：爬行類

長脖子和強而
有力的下顎。

Size 大小

從頭部到尾巴的長度
為152公分。

Weight 重量

250公斤，
公象龜比母象龜重。

Legs 腿

4條短短、布滿
鱗片的腳。

後腳有4爪，
前腳則是5爪。

Food 食物

草、樹葉、各種植物、
苔蘚、水果、仙人掌。

Habitat 棲息地

厄瓜多加拉巴哥群島（Galápagos Islands）的
岩石熔岩地，環境中布滿青草、灌木叢和仙人掌。

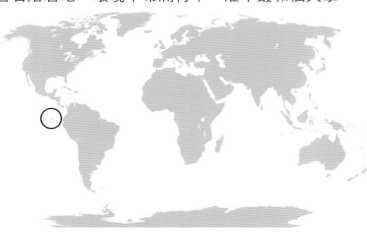

Speed 速度

0 0.3公里／小時   100

天敵

大鼠　　　貓　　　野狗

年輕的象龜可能會被大鼠和貓吃掉；
成年的象龜則會受野狗攻擊。

很久很久以前，西班牙航海員發現了一群住著許多巨大陸龜的島嶼，他們把這些島嶼稱之為「**加拉巴哥群島**，在**西班牙語**中就是「**陸龜群島**」的意思。所以，我住在以我的名字命名的島嶼上！

我有一個馬鞍形的殼；感謝我的脖子附近有一個直立的大切口，讓我可以把**脖子**伸得更長，這樣就可以吃到長得比較高的植物了。

我和**達爾文雀**（Darwin's finch）是好朋友，這些小鳥會把停在皮膚皺褶處和龜殼上的**寄生蟲**吃掉。

我的殼看起來像馬鞍。

我會把**蛋產在自己挖好的洞裡**，再用泥土覆蓋，最後用龜殼底部把泥土壓平。溫暖的陽光可以讓**小象龜慢慢長大、破殼而出**；我完全不用替小象龜操心。

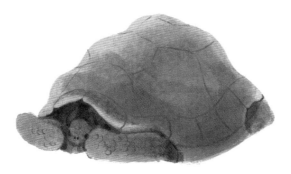

當我**害怕**的時候，我的頭、脖子和四肢會完全縮短，**躲進龜殼裡**。我的龜殼和肋骨相連，所以我永遠無法脫離龜殼。這身堅硬的鎧甲給予我極佳的保護。

我們很巨大並過著無憂無慮的愜意
生活。我們享受陽光，每天的睡眠
時間將近16小時。

每隻陸龜在龜群中都有不同的地位等級；我知道自己所屬的位階並且認
同這種固定的規則。在溫暖的季節，無論是早上或傍晚，我的活動力都
很好，至於一天之中最熱的那幾個小時，我會躲在陰影處。在寒冷季節
時，我活動力最好的時候是正午。

我可以活到150歲，我的殼會跟著我一起長大，但是邊緣會磨損。

我的體高約1公尺，但體重卻有250公斤。就算不吃不喝，也可以活一年。

即便我是最大的象龜，生命仍會受到威脅。馬、羊和牛被人類放牧在我的棲息地上，這不僅讓我的食物量減少，牠們還會踐踏、破壞我的巢。另外，大鼠會吃掉我的蛋，人類則會捕殺我。

我不太擅長游泳，但由於在我的殼內有許多可以用來填滿空氣的「氣室」，如此一來，我就可以藉此輕鬆地漂浮在水面上。這些氣室讓我的殼感覺輕盈許多，與此相對，若是完全封閉的殼對我來說則會太重。

HIPPOPOTAMUS河馬

在白天，你看不到我大部分又大又圓的身體；我站在淺水中時，你只能看見我的鼻子、耳朵和眼睛露出水面。到了晚上，我才會從水中走出來吃草。我行動緩慢，看起來很友善，但其實我可以速度很快，而且非常危險。

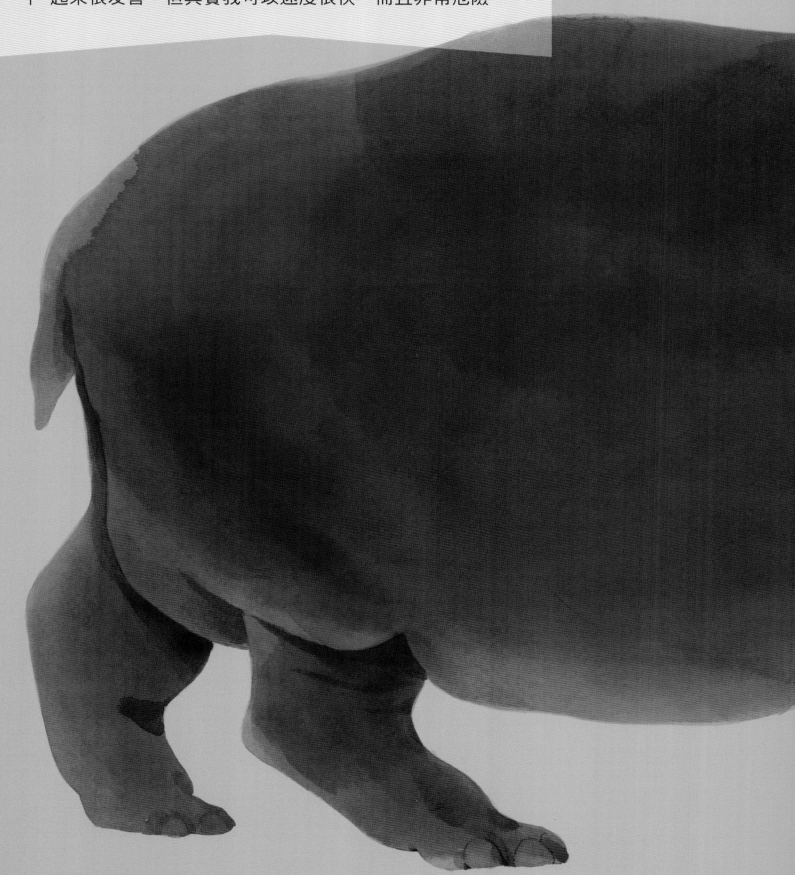

Size 大小
長達4公尺；公河馬比
母河馬大隻。

Weight 重量
將近4噸（4,000公斤）。

頭部巨大、極為寬廣
的口鼻和可以張得很
開、很大的嘴巴。

有著類似象牙的
獠牙，每根重達
3公斤。

一條長50
公分的粗
尾巴。

表皮厚5公分
且光滑無毛。

Legs 腿
4隻短短粗壯的腳。

4根指頭上都有
像指甲的蹄。

Habitat 棲息地
非洲鄰近海岸、泥濘平原、湖泊的淺水區。

Food 食物
各種草類。

Speed 速度
在陸地上時速可達45公里，在水中則是每小時8公里。

0   45公里／小時   100

天敵

小河馬會遭受以下動物的攻擊：

鱷魚

獅子

鬣狗

我生活在**非常溫暖的地方**；為了降溫，我每天會**待在水裡大約16個小時**。我會找一個**淺水域**，以確保我的身體能充分浸泡在裡面，但又可以安心睡覺不會被淹沒。我的**耳朵、眼睛和鼻孔都長在頭頂上**，這樣即便身體泡在水裡，我依舊能聽見、看見和好好呼吸。當我從水裡走出來時，我的**皮膚腺**會分泌出一種紅色的液體，可以**保護我的皮膚**避免因陽光照射而龜裂。

當我還是**小河馬**時，我會**游泳**，但長大後的我太重了游不動，不過我會沉入水底並在水底行走。我會閉上鼻孔和耳朵，因此可以輕鬆地**待在水裡5分鐘**。

人們經常以為我很溫馴不危險，但實際上並非如此。當有人阻擋我前去**水邊**的道路時，我會直接把對方**撞開**；以我的**體重**而言，這樣被我一撞很可能會**致命**。我也不怕與鱷魚搏鬥，甚至可以把鱷魚咬穿。

是不是有其他河馬想要來**搶奪我的地盤**？如果是，我會把屁股轉向牠，然後邊甩尾巴邊**大便**，這樣牠一定會去找其他地方，不會來跟我搶地盤了！

我和大約15隻河馬一起群居生活，不過如果是在旱季，會多達150隻河馬共用一個水池！我是這個河馬群中最大、最強壯的公河馬，所以我是這個河馬群的帶頭者。我會透過「張大嘴打哈欠」的方式，來威嚇其他公河馬。我之所以要張大嘴，是要向對方展示我長50公分的巨大獠牙；如果這麼做還不能嚇跑牠，我就會開始和牠打鬥。

當我們晚間上岸覓食時，有時得步行10公里。我大約要吃40公斤的草才能填飽肚子，這個分量對於我這0.5公尺大的嘴來說，相當容易；我不是用獠牙吃草，而是用嘴唇。話雖如此，對於身體如此龐大的我來說，這樣的食物分量不算很多。不過因為我不怎麼動，大部分時間都在睡覺，所以不需要吃太多食物來補充精力。

我的視力不太好，但其實在晚上也用不到。我的嗅覺非常好，可以透過聞氣味尋找草地。當我吃飽之後就會走回水邊，並繼續待在水裡度過一整天，直到第二天傍晚。不過你可以聽到我的聲音，我是一個貨真價實的噪音製造者——無論是吸氣、喘氣、咆哮或喊叫，我的音量就和吹葉機運作時發出的噪音一樣大聲，高達115分貝！

能成為
世界上最大的動物，
真的是太酷了！

作者簡介

萊納・奧利維耶 Reina Ollivier

1956 年出生於比利時，現為全職作家和翻譯家，精通十種語言。小時候是渴望知識的小孩，長大後喜歡以引人入勝且充滿趣味的方式創作。她的作品不僅擁有無數的讚譽，更多次榮獲獎項肯定。

卡雷爾・克拉斯 Karel Claes

主修文學、哲學和傳播。曾擔任無國界醫生組織的主管，為比利時國家電視台製作過兒童及青少年節目。擔任過兒童雜誌《Zonneland》和《Zonnestraal》的主編，多年來還發表過一系列關於重要生活議題的文章。熱愛旅行、帆船、網球、越野滑雪、游泳和閱讀。

繪者

史蒂菲・帕德莫斯 Steffie Padmos

在荷蘭的瑪斯特里赫特（Maastricht）和英國的巴斯（Bath）藝術學院學習插畫，並獲得了「科學插畫」碩士學位。她的作品以精湛的工藝、對細節的關注和對自然的興趣而著稱。由於她的科學插畫師背景，所以在描繪複雜的生物和醫學主題方面具有豐富的經驗，但她的視野更加廣泛。她還為博物館和兒童書籍出版商進行插畫工作。她根據具體的任務，使用不同風格和技術進行作畫，包括模擬和數字，以此展現她的多才多藝。

審定者

張東君

臺灣大學動物系、動物所畢業，京都大學理學研究科動物所博士班結業。現任臺北動物保育教育基金會研究員，身兼科普作家、推理評論人。第四十屆金鼎獎兒童及少年圖書類得主，第五屆吳大猷科學普及著作獎少年組特別獎翻譯類得主。著作有《動物勉強學堂》、《象什麼》、《屎來糞多學院》、《動物數隻數隻》、《爸爸是海洋魚類生態學家》、《大象林旺是怎麼到動物園？》等，譯作有「屁屁偵探」系列、「法布爾爺爺教我的事」系列、「蟲蟲週刊特別報導」系列等近290本，目標為「著作等歲數，譯作等公車」。

譯者

周書宇

政治大學中文系、廣告系雙修畢業，臺北藝術大學美術系西洋美術史組碩士。曾任出版社主編多年，現為自由接案，徜徉在各種與文字、平面、影像有關的工作中。

動物繪本圖鑑 1

世界上最大的動物

作　　者｜萊納・奧利維耶Reina Ollivier
　　　　　卡雷爾・克拉斯Karel Claes
插　　畫｜史蒂菲・帕德莫斯Steffie Padmos
譯　　者｜周書宇
審　　定｜張東君
設　　計｜葉若蒂
校　　對｜呂佳真
責任編輯｜黃文慧

出　　版｜晴好出版事業有限公司
總 編 輯｜黃文慧
副總編輯｜鍾宜君
編　　輯｜胡雯琳
行銷企畫｜吳孟蓉
地　　址｜104027台北市中山區中山北路三段36巷10號4樓
網　　址｜https://www.facebook.com/QinghaoBook
電子信箱｜Qinghaobook@gmail.com
電　　話｜02-2516-6892｜傳真 02-2516-6891
發　　行｜遠足文化事業股份有限公司（讀書共和國出版集團）
地　　址｜231023新北市新店區民權路108-2號9樓
電　　話｜02-2218-1417
傳　　真｜02-2218-1142
電子信箱｜service@bookrep.com.tw
郵政帳號｜19504465｜戶名 遠足文化事業股份有限公司
客服電話｜0800-221-029
團體訂購｜02-22181717分機1124
網　　址｜www.bookrep.com.tw
法律顧問｜華洋法律事務所 蘇文生律師
印　　製｜凱林印刷
初版 2 刷｜2024年07月
定　　價｜580元
I S B N｜978-626-7396-56-8
版權所有，翻印必究

世界上最大的動物 = The largest/萊納.奧利維耶(Reina Ollivier), 卡雷爾.克
拉斯(Karel Claes)著；史蒂菲.帕德莫斯(Steffie Padmos)繪；周書宇譯. -- 初
版. -- 臺北市：晴好出版事業有限公司；新北市：遠足文化事業股份有限公
司發行, 2024.04 64面；24X33公分
譯自：De allergrootste
ISBN 978-626-7396-56-8(精裝)
1.CST: 動物 2.CST: 繪本
380   113003400